建筑设计系列 9

建筑设计的 1001 种创意形式
（第二版）

［法］弗朗索瓦·布兰茨阿克（François Blanciak）　著

周颖琪　译

上海科学技术出版社

图书在版编目（ＣＩＰ）数据

建筑设计的1001种创意形式 ：第二版 ／（法）弗朗
索瓦·布兰茨阿克著 ；周颖琪译. -- 2版. -- 上海：
上海科学技术出版社，2022.2（2023.9 重印）
 书名原文：Siteless:1001 Building Forms
 ISBN 978-7-5478-5647-5

 Ⅰ．①建… Ⅱ．①弗… ②周… Ⅲ．①建筑设计－研
究 Ⅳ．①TU2

中国版本图书馆CIP数据核字（2022）第014271号

上海市版权局著作权合作登记号 图字：09-2016-418号

建筑设计的 1001 种创意形式（第二版）

〔法〕弗朗索瓦·布兰茨阿克（François Blanciak） 著

周颖琪 译

上海世纪出版（集团）有限公司
上海 科 学 技 术 出 版 社 出版、发行
（上海市闵行区号景路 159 弄 A 座 9F - 10F）
邮政编码 201101 www.sstp.cn
浙江新华印刷技术有限公司印刷
开本 890×1240 1/32 印张 4
字数：120 千字
2017 年 1 月第 1 版
2022 年 2 月第 2 版 2023 年 9 月第 2 次印刷
ISBN 978 - 7 - 5478 - 5647 - 5/TU·318
定价：35.00 元

我们认为，当代建筑的发展应当更趋向于多元化。

———罗伯特·文丘里，丹尼斯·斯科特·布朗《向拉斯维加斯学习》，1972

前言

　　本书内容旨在填补一个不断扩大的空白：一边是建筑行业通过媒体展现的形式，过于注重形态独创性；另一边是一种更独立领域内的建筑研究，和它对应的学科不同，忽视形式而仅仅聚焦于写作。本书提出一种比批判性学术著作更具创意的方法，展示了一系列颇具前瞻性的建筑形式：着眼于建筑的内核、着眼于作为一个单元的建筑（和其他建筑毗连或者孤立）、着眼于其概念生成的清晰表达。在本书中，文本将会被形式彻底取代。

　　为了更广泛地拓宽建筑的可能性，本书认同物理因素为建筑的主要成分（事实证明对这种观点的周期性反对声音是徒劳无功的），它经由实验和错误不断优化。与其说本书力图明确某种特别的设计方法，不如说它更偏向于探索尽可能多的设计方向，然后与一种迥异的建筑手段独立开来，作为开放的设计迎接进一步开发。本书可作为一个概念库，不同的条目可以挑出来应用于不同的场地和功能。它体现了笔者的一种愿望：在实际项目中，设计师面对铺天盖地的信息，脑中会冒出几种概念，而本书则会超过所有这些概念。

　　笔者有意在此颠覆"方案＋现场＝形式"的传统，好比古代列柱的顺序，人们坚信图纸的构思要先于实地建设，先于之后的关联和改动。除了老旧的教条，还有几种图式纯粹是对建筑学科中循环往复的范式进行批判，但大部分图式是想创造和预想一个更加多样化的未来，以至于其中需要的建筑技术尚未面世，有的甚至打破了现有的重力观。

　　笔者未在本书中指定任何建筑现场，每个章节的命名仅仅来源于构思这些概念的地点。这种混乱的顺序是为了反抗最原始的分类方式，承认创意过程的不连续本质。这一系列图式最终形成了自己独特的文脉，比例——作为一种先验的建筑参数——全权交予读者的想象，它们可以是摩天大楼，也可以是袖珍小屋。

　　为了保证其通用性，本作品所有图式都是手工绘制。就像物理建模材料会对形式产生影响一样，计算机的操作系统也会引导人们做出软件特有的形状，甚至会成为多样性产出的障碍。为了给多样化的设计留出空间，本书的手工绘图力求中性表达，将个人风格和习惯最小化，用最简单明了的方式提炼概念的精华。减少具象因素，甚至采取同一视角，反而增强了图像的独特性和相互联系性。

　　在这种布局之下，本书再现了一种建筑语言的图像框架。就像日语中的假名一样，文字具有复杂性，标点近乎完全缺席。每个图式在纸上占据的空间是相同的（基本为一个正方形），有的非常复杂（像中国表意的汉字），有的是简单的曲线（像日语里的平假名），有的是笔直的直线。这种平行结构也可延伸至阅读体验之中,读者可以横着读,可以竖着读,可以从左至右,也可以从右至左。每一个图式都有一个标题,标题大多优先于图像本身,旨在解释和补充它们各自的含义。

本书的最后一个章节和文化、现实重新联系了起来,以日本实际存在的一块土地进行了一个比例测试,实实在在地避免了本书被高束于艺术类书架,这个测试表明本书中的图式完全可以适应实际建筑的比例,可以转化为建筑项目。这个测试也可作为本书的结语。我选择这块土地,是因为它的尺寸、项目承载能力和可行性都较为适中,并不是为了彰显我作为作者的自负。这个方案应用于东京市中心的密集都市环境,展现了系列概念的固有适应性。此外,最后一章旨在通过对比揭示和强调其他图式的"无现场"性质。

弗朗索瓦·布兰茨阿克

目录

第一章　香港

1
拼贴板

2
平面切割

3
球面板

4
吹制角

5
跪姿金字塔

6
劈柱

7
拉伸的拱门

8
三角桥

9
分区窗

10
堵塞柱

11
膨胀的三角形

12
手肘楼

13

Σ 形建筑

14

填充板

15

验光建筑

16

像素环

17

矛盾的斜屋顶

18

充气板

19

交叉悬臂

20

吸音板

21

卵石平方

22

套筒楼

23

物理模型

24

防风楼

25

房屋形舞台

26

压弯的楼房

27

卵石塔

28

拉伸的框架

29

扇子板

30

膨胀瓦

31

族谱塔

32

上升的斜屋顶

33

弯折的高楼

34

吹歪的塔尖

35

削皮楼

36

寄生结构

37
草裙舞环状椎体

38
分割方案

39
筑基褶皱

40
环状框架

41
无柱拱廊

42
连续网架

43
指纹窗

44
缓冲垫景观

45
触手柱

46
切碎的悬臂

47
循环庭院

48
双 Y 字塔

49 地下项目

50 劈裂建筑

51 泼溅庭院

52 熔岩板

53 震动柱

54 外皮＝通路

55 棕榈块

56 椎体路面

57 十字球体

58 掀起的门廊

59 救生圈结构

60 爬行楼

61 合页板

62 P 形塔

63 磁力炮

64 同心柱

65 坐标线

66 高层地基

67 碎片整理塔

68 桌布结构

69 拓扑柱

70 液体切割

71 花环塔

72 柱 VS. 线

73 　流星墙

74 　十字塔

75 　植物杆

76 　气泡塔

77 　王冠柱

78 　裂缝塔

79 　埋设广场

80 　平移块

81 　塌陷项目

82 　无穷(∞)塔

83 　延伸指针

84 　长颈鹿塔

85 模仿楼

86 三脚屋

87 切片板

88 折纸串

89 地面层拉伸

90 爪柱

91 S形切割

92 双循环塔

93 纸厚板

94 心形舞台

95 蝶形块

96 固定脚手架

97

中空塔

98

圆角切块

99

无地基

100

立方穹顶

101

力矩阳台

102

斜十字

103

中空梁

104

金字塔圆锥帐

105

精工角

106

不规则金字塔

107

圆形悬臂

108

南瓜灯块

109
平衡切割

110
斜地板

111
平移厅

112
卵石面

113
拼贴索套

114
连续阳台

115
屋顶柱

116
面 VS.柱

117
滑梯塔

118
咬合的立方

119
球拍塔

120
线状块

121 球体切割

122 雪花板

123 挤出窗

124 双极块

125 压缩路

126 锁定塔

127 茎楼

128 纤维方案

129 斜面地板

130 交叉线地板

131 手指板

132 分区塔

133 屏蔽金字塔

134 溪流窗

135 内翻三脚结构

136 莲花球体

137 凹陷消除

138 干裂板

139 顶端极简

140 圆锥穹顶

141 彗星结构

142 闪避方案

143 原子塔

144 碎片堆

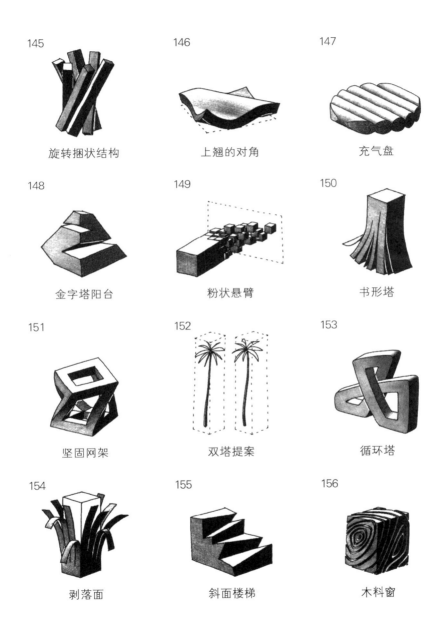

145
旋转捆状结构

146
上翘的对角

147
充气盘

148
金字塔阳台

149
粉状悬臂

150
书形塔

151
坚固网架

152
双塔提案

153
循环塔

154
剥落面

155
斜面楼梯

156
木料窗

157

树干走廊

158

双层屋顶

159

交错舷窗

160

多毛立面

161

隆起的十字架

162

钟乳石结构

163

平板圆

164

伸缩角

165

打结结构

166

交错拱门

167

不自然网格

168

地板拉花

169

城市街区堆叠

170

栅栏楼

171

起皱的标准结构

172

喷射塔

173

爬行板

174

拉伸窗

175

马蹄铁楼

176

双拱门

177

金字塔楼

178

投影墙

179

盔甲楼

180

蚀顶拱顶

181
雷达塔

182
缩水地基

183
震动网格

184
斜面体斯芬克斯

185
溢出结构

186
地板圈

187
锁链城市街区

188
蛇柱

189
跃动柱

190
凹洞庭院

191
线轴塔

192
褶皱盘

193

打桩广场

194

劈裂板

195

蒸发楼

196

斜顶柱

197

矿物切头

198

声波角

199

回音块

200

方形陷阱

201

鹅卵石方案

202

离心柱

203

中心沉降

204

薄板面

205
绳结塔

206
惯性窗

207
挤压板

208
定型塔

209
碎片桥

210
水管塔

211
∧ 形地板

212
纤维柱

213
射线厅

214
双 U 字形块

215
木纹板

216
恒星柱

217

指向标楼

218

人形房

219

块状线圈

220

¾悬臂

221

巴黎平面图形窗

222

下颌板

223

半月塔

224

埋入式星星

第二章　纽约

225

音叉塔

226

火焰板

227

撕裂式走廊

228

被咬掉的角

229

行走的线圈

230

上吊杆

231

拱壁楼

232

斜面王冠

233

音符形凹槽

234

开裂式屋顶

235

书堆

236

构造地板

237
互补地板

238
球体拉伸

239
电光石火

240
Z字形建筑

241
投影公园

242
结构英雄主义

243
圆形跳格子

244
支撑柱

245
填充轮廓

246
书架建筑

247
躺卧塔

248
斜面角

249

象鼻悬臂

250

吹制金字塔

251

旋转垂壁

252

膨胀窗

253

树皮表面

254

摔跤板

255

横卧图腾柱

256

富余立面

257

劈裂的圆盘

258

方格斜面屋顶

259

楔角

260

轮廓窗

261

压缩废料

262

关节项目

263

环绕塔

264

开裂塔

265

点线块

266

像素流星

267

编织建筑

268

循环塔

269

日历面板

270

球状塔

271

阿米巴变形虫窗

272

锦旗板

273
松果公寓

274
三角庭院

275
四分球体

276
被夯实的椎体

277
膨胀块

278
裂痕柱

279
分叉平台

280
钩起的地板

281
回旋结构

282
倒置的废墟

283
放射立面

284
女像柱

285
歪斜的堆叠

286
捆绑项目

287
堤坝楼

288
结构薄板

289
咆哮的桩基

290
钳口柱

291
易拉罐公寓

292
轧制圆圈

293
橡胶表面

294
笔画形建筑

295
包装袋形顶部

296
切边球形堆

297
集线器结构

298
光辉广场

299
点线框

300
点状标记塔

301
干硬窗帘墙

302
拖拽表面

303
方 VS. 塔

304
支柱悬臂

305
平板曲面

306
拧紧的城市街区

307
陷阱地板

308
枪管广场

309 地板容器

310 吊起的底层

311 擎天手

312 平板柱

313 配电盘形块状结构

314 投影板

315 超载项目

316 方块堵塞

317 双头塔

318 坡道环

319 地板挤压

320 碎片塔

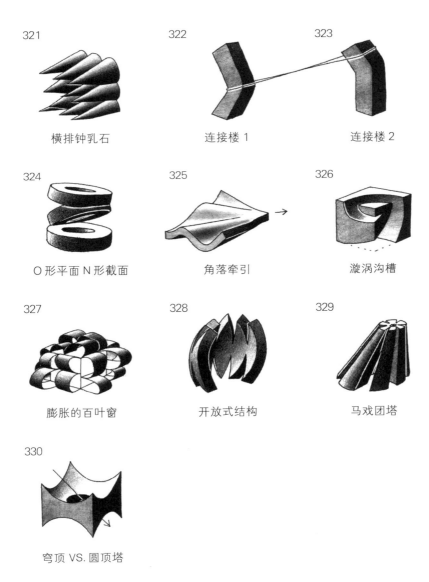

321
横排钟乳石

322
连接楼 1

323
连接楼 2

324
O 形平面 N 形截面

325
角落牵引

326
漩涡沟槽

327
膨胀的百叶窗

328
开放式结构

329
马戏团塔

330
穹顶 VS. 圆顶塔

第三章　哥本哈根

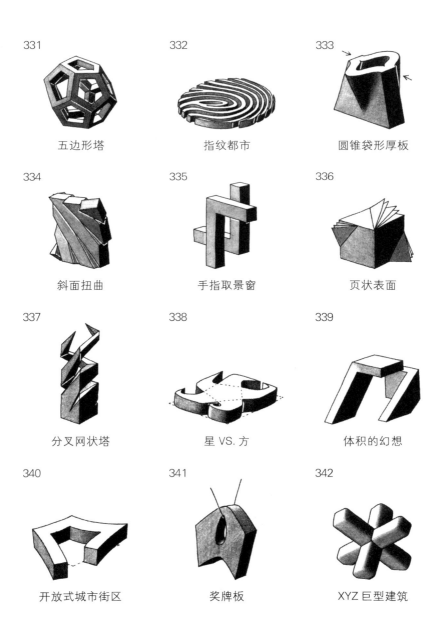

331
五边形塔

332
指纹都市

333
圆锥袋形厚板

334
斜面扭曲

335
手指取景窗

336
页状表面

337
分叉网状塔

338
星 VS. 方

339
体积的幻想

340
开放式城市街区

341
奖牌板

342
XYZ 巨型建筑

343
网 VS.框

344
喷雾柱

345
地图板

346
纵梁球体

347
起伏厅

348
卷筒窗

349
线形地板

350
三合一框架

351
圆顶街

352
弹性禁止通行标志

353
叶状块

354
翘曲地板

355

绕线圆盘

356

气泡拱门

357

坐标塔

358

柱 VS. 柱

359

自噬城市街区

360

木材堆建筑

361

卷须循环

362

企鹅塔

363

交汇柱

364

剥皮表面

365

背靠背城市街区

366

多个球体 VS. 一个球体

367
餐巾厅

368
组合框架

369
神道塔※

370
捆状射线

371
递增地板

372
方块圆圈

373
鼻窦板

374
音频表面

375
坐式拱门

376
渗漏项目

377
拆分立方体舞台

378
内向表面

※ 形状似日本神道教礼仪中的纸条或布条。

379

花苞地板

380

型材分区

381

斜面边缘

382

水泥板

383

放射角

384

窗形薄膜

385

挤压的涂抹形结构

386

支撑墙

387

纸质感彗星

388

四折地板

389

半径重叠

390

张力表面

391
地下拱门

392
塔楼立面

393
同位方形

394
角度塔

395
别针柱

396
神奇底层架空柱

397
拥挤的拱门

398
切线球体

399
连续虚线

400
刻痕窗

401
包膜建筑

402
帆布板

403

编织穹顶

404

自动扶梯块

405

爬虫板

406

定型百叶窗

407

龙形方案

408

链环悬臂

409

花形截面

410

井字形建筑

411

拆解角

412

隐藏角

413

斜面屋顶板

414

折叠塔

415
重力集中

416
整齐的包装袋

417
密封椎体

418
圆 VS. 锥

419
内卷和外卷柱

420
拆解板

421
比例尺建筑

422
斜面天花板

423
指纹庭院

424
遮蔽塔

425
胶带窗

426
三角塔

427
卷形塔

428
捆绑建筑

429
被捕获的拱顶

430
截面窗户

431
循环角

432
血管阳台

433
跳舞的阳台

434
燃烧的条纹

435
树状球体

436
枪击边缘

437
房间雕刻

438
功能性横截面

439
索套结构

440
松开的条纹

441
插件柱子

442
纸屑塔

443
膨胀骰子

444
液状方块

445
后视镜形窗

446
切割金字塔

447
概括式悬臂

448
多米诺板

449
原子塔

450
反向折叠板

451
自升式建筑

452
外延角

453
漩涡巨人

454
目形塔

455
锚定块

456
弹簧地板

457
指向建筑

458
背靠背双塔

459
水泥塔

460
斜屋顶立方

461
结构层

462
纸团建筑

463 病毒塔

464 行走的金字塔

465 肿胀表面

466 空间锁链

467 弯折塔

468 移动靶子

469 截面开裂

470 结构障碍物

471 方形龙卷风

472 连续柱

473 柱堆

474 炸裂金字塔

475

圆盘卷

476

虚线状法兰多拉舞

477

一捆管子

478

碎切板

479

毛囊塔

480

气球形建筑

第四章　洛杉矶

481

奥林匹克建筑

482

隆起的面纱

483

直线 VS. 向心力

484

软化三脚架

485

背传塔

486

胶囊树

487

地下塔

488

挤压迷彩塔

489

投影块

490

轮子塔

491

广告牌地板

492

立式动物园

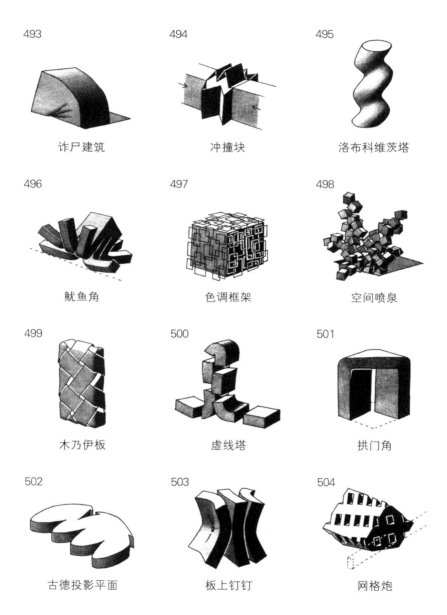

493

诈尸建筑

494

冲撞块

495

洛布科维茨塔

496

鱿鱼角

497

色调框架

498

空间喷泉

499

木乃伊板

500

虚线塔

501

拱门角

502

古德投影平面

503

板上钉钉

504

网格炮

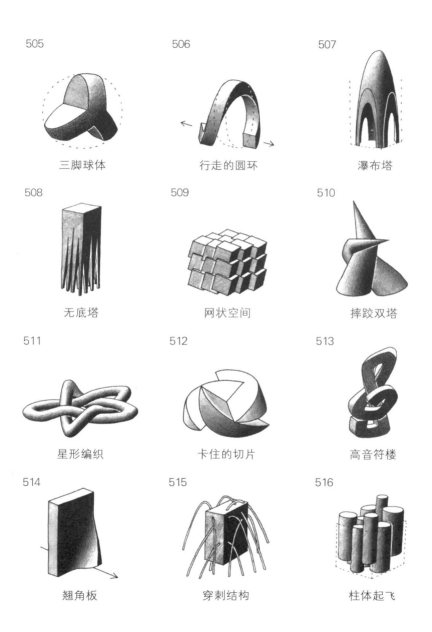

505

三脚球体

506

行走的圆环

507

瀑布塔

508

无底塔

509

网状空间

510

摔跤双塔

511

星形编织

512

卡住的切片

513

高音符楼

514

翘角板

515

穿刺结构

516

柱体起飞

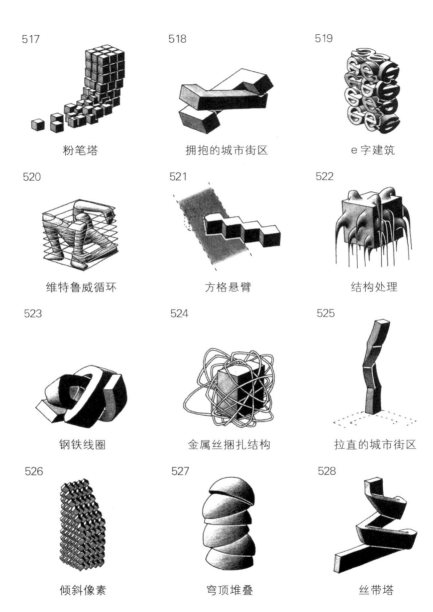

517
粉笔塔

518
拥抱的城市街区

519
e 字建筑

520
维特鲁威循环

521
方格悬臂

522
结构处理

523
钢铁线圈

524
金属丝捆扎结构

525
拉直的城市街区

526
倾斜像素

527
穹顶堆叠

528
丝带塔

529

沟槽穹顶

530

绑在地上的地板

531

模塑立面

532

卷筒楼梯

533

纸地板

534

碎石穹顶

535

眼睛厚板

536

水洼金字塔

537

跳舞地板

538

管状穹顶

539

斜面屋顶带

540

病毒结构

541
饼状图结构

542
厚胶带

543
梁状椎体

544
博伊斯塔

545
挤压道路

546
线圈遮光层

547
球体栅栏

548
两折峡谷

549
拼图立面

550
一杯高楼

551
餐巾板

552
城市街区堵塞

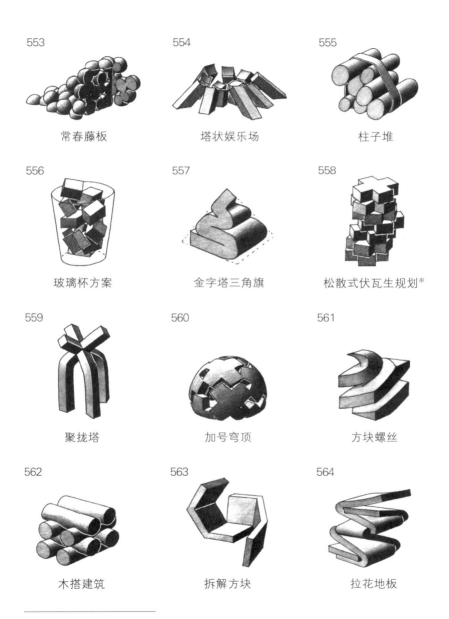

553
常春藤板

554
塔状娱乐场

555
柱子堆

556
玻璃杯方案

557
金字塔三角旗

558
松散式伏瓦生规划※

559
聚拢塔

560
加号穹顶

561
方块螺丝

562
木搭建筑

563
拆解方块

564
拉花地板

※ 勒·柯布西耶 1925 年为巴黎市中心区政改造提出的"伏瓦生规划"。

565
块堆计划

566
缺齿块

567
晾晒绳

568
烟囱柱

569
磁力广场

570
动物女像柱

571
混乱建筑

572
涂鸦玻璃

573
断了的悬臂

574
太阳能网格

575
堵塞的潜望镜

576
线型球体

577

行走的绳结

578

罐装轮廓线

579

对角线消解

580

摩天轮升降梯

581

坚固玻璃

582

轮转娱乐场

583

串联塔

584

UC 块

585

线圈柱

586

滴水天窗

587

三角旗悬臂

588

铰链公寓

589

塔状球体

590

折角金字塔

591

带状结构

592

日历椎体

593

S 形框架

594

房屋形厚板

595

行走的厚板

596

系绳柱

597

半 S 形截面

598

造型立面

599

辫子楼

600

屋顶盖

601

窗帘板

602

U 形回旋塔

603

网格穹顶

604

皱缩方块

605

匍匐植物柱

606

链条塔

607

鸵鸟拱门

608

捆块

609

弯折金字塔

610

钻孔石

611

D 字塔

612

碎片鲸鱼

613

鳞状块

614

叉子塔

615

铰链公寓

616

编织板

617

松垮的窗户

618

传心塔

619

直径轴线

620

剥开的天花板

621

晶格板

622

起重塔

623

城市街区穹顶

624

扭曲的加号

625

珊瑚舷窗

626

竖直原子塔

627

球体 VS. 拱顶

628

数字截面

629

城市街区线圈

630

随意角

631

眼睛板

632

方块堆叠

633

漏斗线框

634

扩音器立面

635

U 形建筑

636

接口立面

637
弧面十字架

638
谷物堆

639
内部斗争

640
测绘图式立面

641
阿米巴变形虫板

642
辫子塔

643
指数平台

644
卡住的手指形框架

645
纹理方案

646
牛角

647
票券楼

648
王冠下颌

649
方框板

650
线框柱

651
土豆条方案

652
拥抱的方块

653
漩涡碗状结构

654
立方常青藤

655
测绘楼梯

656
斜波纹

657
条纹碗状结构

658
攀登式平台

659
角柱

660
下颌柱

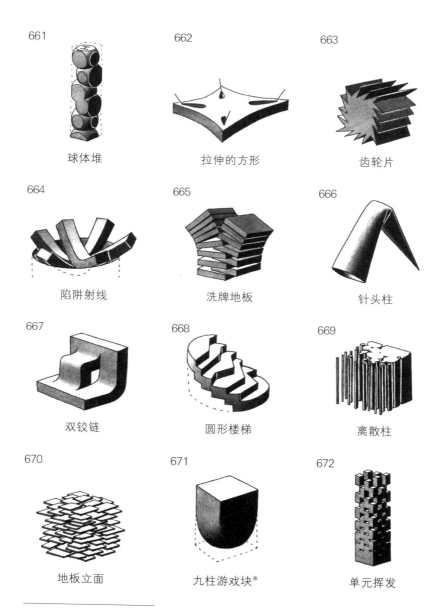

661
球体堆

662
拉伸的方形

663
齿轮片

664
陷阱射线

665
洗牌地板

666
针头柱

667
双铰链

668
圆形楼梯

669
离散柱

670
地板立面

671
九柱游戏块※

672
单元挥发

※ 一种用保龄球或其他物体撞击木桩的小游戏。

68

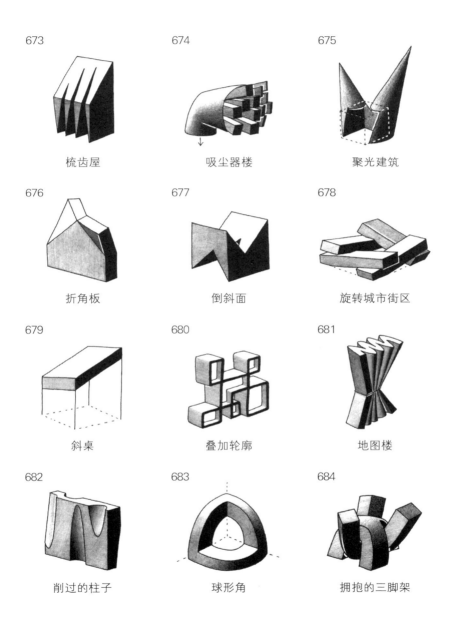

673
梳齿屋

674
吸尘器楼

675
聚光建筑

676
折角板

677
倒斜面

678
旋转城市街区

679
斜桌

680
叠加轮廓

681
地图楼

682
削过的柱子

683
球形角

684
拥抱的三脚架

685

拱门式大梁

686

提升角

687

球体板

688

斜切

689

玻璃陷阱

690

直立百叶窗

691

吊塔

692

波浪块

693

吸音空间

694

锁边结构

695

音/声波块

696

双椎体

697
旋转的伏瓦生规划

698
方形绘图

699
半结构

700
抓手庭院

701
结构线

702
中空星星

703
压平的半球

704
延伸角

705
堵塞的摩天楼

706
涡轮块

707
消失的序列

708
A4 建筑

709 波纹角

710 切割塔

711 卷袖塔

712 肋骨板

713 捆绳结构

714 绝缘立面

715 屋形楼

716 三层折叠

717 系数墙

718 马克塔

719 纸平台

720 厚板台阶

721
斜切楼

722
结构景观

723
膨胀网格

724
喇叭角

725
交叉斜面屋顶

726
立方渔网

727
管线缠绕结构

728
维度块

729
挤压盒状立面

730
爱奥尼悬臂

731
装订地板

732
劈裂柱

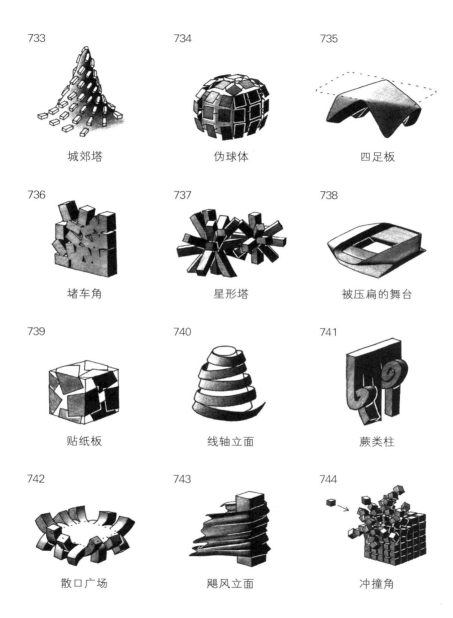

733
城郊塔

734
伪球体

735
四足板

736
堵车角

737
星形塔

738
被压扁的舞台

739
贴纸板

740
线轴立面

741
蕨类柱

742
散口广场

743
飓风立面

744
冲撞角

745

楼梯角

746

旋转条纹

747

皱纹立面

748

拉伸金字塔

749

枕状结构

750

海马柱

751

卫星悬臂

752

削皮的球体

753

锯齿边缘

754

扁平块

755

金字塔立方

756

王冠塔

757 锁定轴

758 王冠广场

759 扭曲线框

760 钻石塔

761 抽气立面

762 云形传送带

763 打火石斜面屋顶

764 开口处交叠

765 斯诺克都市

766 剥开的卷筒

767 可替换角

768 凹陷窗

769

干燥网格

770

雄蕊块

771

XXX 形地板

772

望远镜城市街区

773

人造卫星着陆

774

云角

775

十字交叉截面

第五章　东京

776

磁力像素

777

三叶草塔

778

雷达板

779

滚珠地板

780

放射状穹顶

781

折角棋盘

782

递增方案

783

街道图案塔

784

勃起悬臂

785

管状塔

786

削平的球体

787

火山口舷窗

788
束腰楼

789
城市街区沉没

790
中空金字塔

791
切线梁

792
网格块

793
充气塔

794
犹豫不前的悬臂

795
8 字塔

796
旗帜建筑

797
密集的纪念碑

798
漩涡方案

799
梁建筑

800

树枝广场

801

软边

802

隐形环

803

捆状塔

804

结构中枢

805

两手叉腰塔

806

金字塔飞船

807

球状塔

808

飞溅塔

809

现代桥墩

810

无柱地板

811

受到撞击的晶球

812
连续塞尔达规划※

813
大头钉房间

814
下垂桥

815
易拉罐波浪

816
下颌柱

817
窗户喷雾

818
较劲的拱门

819
绝缘块

820
手套板

821
E 形结构

822
胶带庭院

823
柱状立面

※ 塞尔达是现代城市规划的奠基人之一，此处指巴塞罗那新城规划。

824

柱状喷雾

825

结构轨道

826

瓦状地板

827

地下原子球塔

828

摇晃方案

829

人形建筑

830

同轴地板

831

螺旋拘束衣

832

循环常青藤

833

肿胀街道

834

挤压地板

835

汉字楼

836
带状塔

837
反弹椎体

838
锁链塔

839
活塞立面

840
附加角

841
卸货结构

842
下颌环

843
鹤形塔

844
球体纪念碑

845
汉字方案

846
析出方案

847
塑料中庭

848

绑缚塔

849

网格建筑

850

拧块

851

侧旋

852

中心旋转

853

涡轮球体

854

笔画塔

855

同位相似块

856

幕墙罐

857

喷射立面

858

弹头立面

859

桥形块

860
两极柱

861
活塞平面

862
弹簧块

863
砖块公寓

864
对称塔

665
装饰方案

866
三角象鼻

867
涡流瓦

868
迭代离散

869
同心塔

870
郊区城市街区

871
有机战略设计

872

球状战略设计

873

指针塔

874

USB 塔

875

末梢捆绑

876

花篮广场

877

螺旋组

878

爬行板

879

水滴悬臂

880

屋顶投影

881

斜坡穿刺

882

盾牌墙

883

星形柱

884

皱缩三角旗

885

凸面地板

886

蜕皮塔

887

栅栏块

888

有丝分裂角

889

胶囊板

890

太阳能塔

891

蜂窝立方

892

凹面地板

893

晶格球体

894

合叶板

895

雷达拱门

896

环状跳马

897

悬臂式轮廓

898

烤肉串

899

爬行结构

900

三脚架塔

901

褶皱球体

902

梁柱式塔

903

爪形塔

904

迭代跳跃

905

球体链

906

放射状圆盘

907

Ω 形块

908

JU 塔

909

卷角块

910

桁架塔

911

火山喷发塔

912

叶状板

913

障碍滑雪柱

914

弹跳塔

915

像素旗

916

球状地质层

917

软折纸

918

干燥栅栏

919

斜坡阳台

920

双子地板

921

晦涩的广告牌

922

手铐环

923

离心式阳台

924

乐谱建筑

925

中段滑脱

926

延伸冰柱

927

海绵状阳台

928

目形梁

929

减数分裂玻璃

930

厚板块

931

放射状柱子

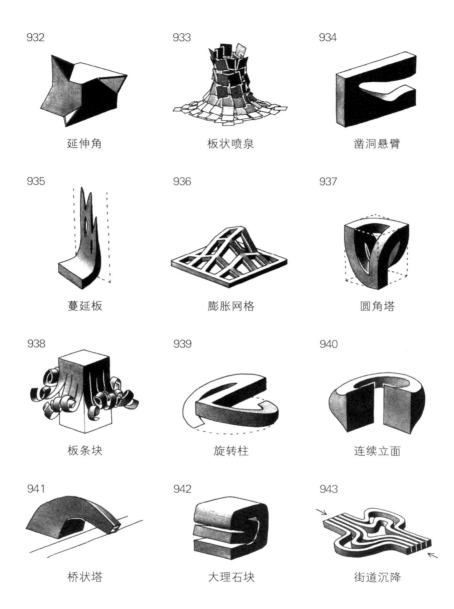

932

延伸角

933

板状喷泉

934

凿洞悬臂

935

蔓延板

936

膨胀网格

937

圆角塔

938

板条块

939

旋转柱

940

连续立面

941

桥状塔

942

大理石块

943

街道沉降

944

接合角

945

堆积柱

946

环状直方图

947

网格套筒

948

竖直地平线

949

内向框架

950

厚舷窗

951

剥落的椎体

952

交互立面

953

像素斜面屋顶

954

闭锁环

955

栅栏塔

956

栅栏曲面

957

跃动的网格

958

同位相似塔

959

三分柱

960

半间墙的房屋

961

阶梯悬臂

962

褶皱角

963

滚花方案

964

堆叠住宅

965

波浪圆

966

UV 板

967

弹跳塔

968

硬质烟火

969

夹紧的城市街区

970

现代派斜面屋顶

971

双臂板

972

歪斜的底层架空

973

瓦片建筑

974

斜面软管

975

双 C 字塔

976

滴水柱

977

搅拌建筑

978

修边立面

979

地板环

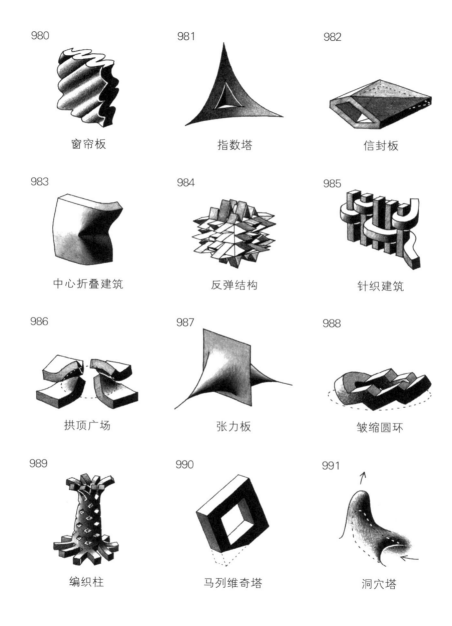

980
窗帘板

981
指数塔

982
信封板

983
中心折叠建筑

984
反弹结构

985
针织建筑

986
拱顶广场

987
张力板

988
皱缩圆环

989
编织柱

990
马列维奇塔

991
洞穴塔

992

强制斜面屋顶

993

切割厅

994

蛋卷方案

995

分支流

996

加号板

997

台阶状菱形

998

长腿的线圈

999

绒毛天线

1000

声/光波带

1001

核椎体

第六章　比例测试

以东京为测试平台

让我们从设想跳回现实,最后这个章节将选取上述方案中的一个(方案638),探索其应用为实际建筑的可能性。这个方案的灵感最初来自东京严格的建筑高度限制系统,现在又得以和某个真实城市里的现场重新联系起来。我选择的土地毗邻代代木公园。这座建筑——通常情况下可结合商业、住宅和办公功能——由 23 个(恰好和东京都行政区划的数目相同)半径相同的球体组合而成。球体之间彼此向内融合,不同空间之间不是靠墙分隔,而是靠拱顶。这种看似随机的元素堆叠,其实是为了方便空间的划分,每个球体内部既可以用作大空间,也可以通过内部铺设地板分隔出小空间。

建筑物的外表面进行了一定裁切,剩下的部分能够满足城市建设法规的要求。这样一来,建筑物开口处的圆形半径各不相同,可以满足不同位置房间的不同功能。立面变成了截面,建筑的全貌成了土地特殊限制的副产品。

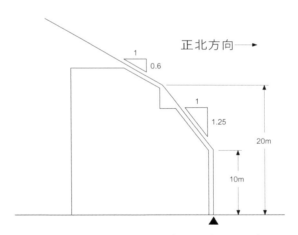

涩谷区办公厅发布的关于第三类区域建筑的高度限制

过程模型

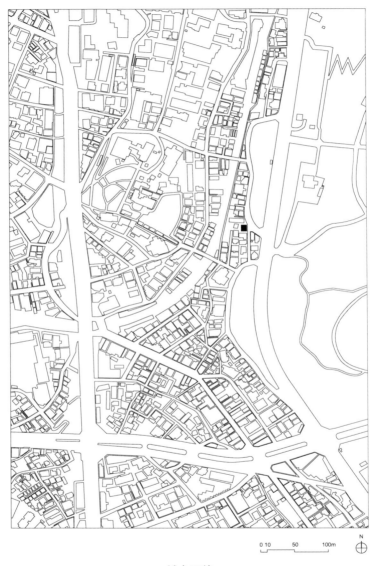

城市环境

俯瞰图

街景图

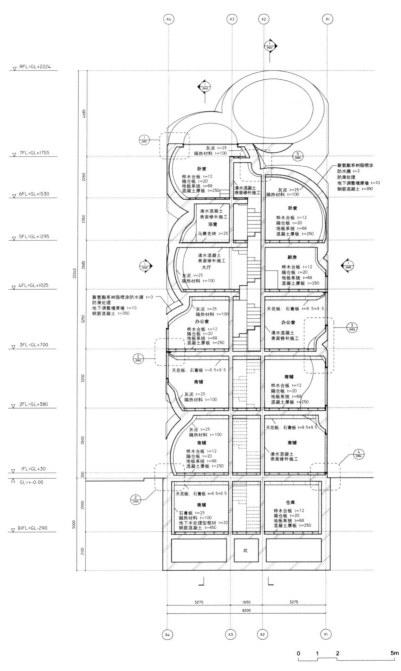

剖面图

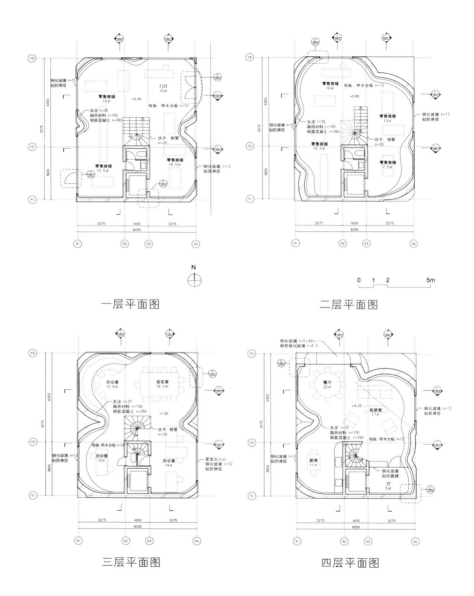

一层平面图

二层平面图

三层平面图

四层平面图

N

0 1 2   5m

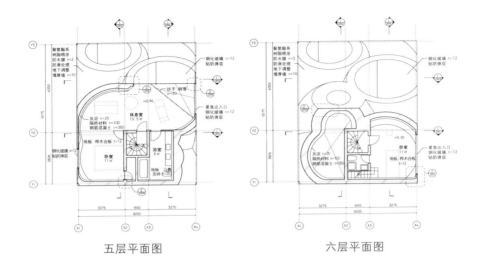

五层平面图 六层平面图

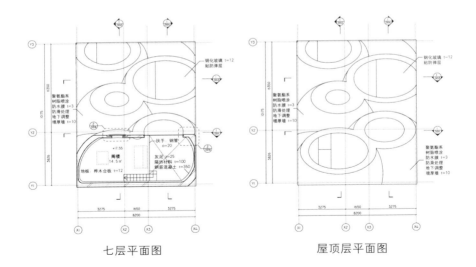

七层平面图 屋顶层平面图

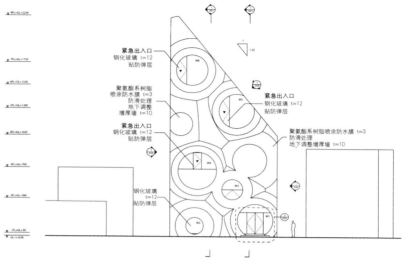

緊急出入口
鋼化玻璃 t=12
貼防彈層

聚氨酯系樹脂
噴涂防水膜 t=3
防滑處理
地下調整增厚墙 t=10

緊急出入口
鋼化玻璃 t=12
貼防彈層

緊急出入口
鋼化玻璃 t=12
貼防彈層

聚氨酯系樹脂噴涂防水膜 t=3
防滑處理
地下調整增厚墙 t=10

鋼化玻璃
t=12
貼防彈層

东立面图

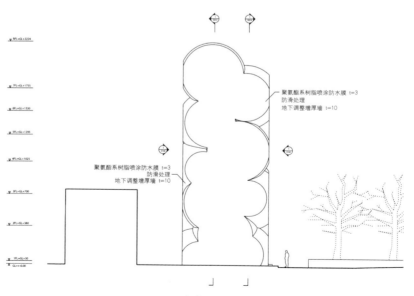

聚氨酯系樹脂噴涂防水膜 t=3
防滑處理
地下調整增厚墙 t=10

聚氨酯系樹脂噴涂防水膜 t=3
防滑處理
地下調整增厚墙 t=10

南立面图

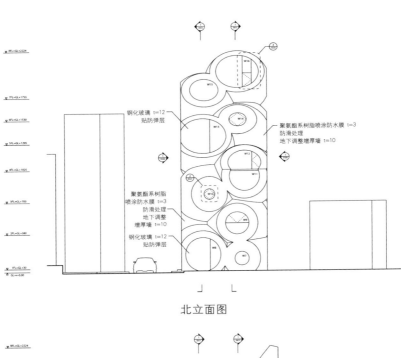

钢化玻璃 t=12
贴防弹层

聚氨酯系树脂喷涂防水膜 t=3
防滑处理
地下调整增厚墙 t=10

聚氨酯系树脂
喷涂防水膜 t=3
防滑处理
地下调整
增厚墙 t=10

钢化玻璃 t=12
贴防弹层

北立面图

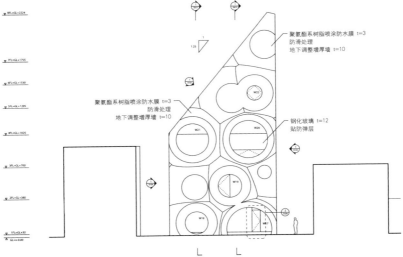

聚氨酯系树脂喷涂防水膜 t=3
防滑处理
地下调整增厚墙 t=10

聚氨酯系树脂喷涂防水膜 t=3
防滑处理
地下调整增厚墙 t=10

钢化玻璃 t=12
贴防弹层

西立面图

从小田急线望去的效果

致谢

在过去的五年时间里，我为了完成本书辗转多个国家：中国、丹麦、美国和日本。直到本书接近完成阶段，我才得以脱离工作进行全职创作。

在此，我首先要感谢日本有关方面的资助，使我在逗留东京的前几年内能以独立研究人员的身份活动。东京是世界上最奢华，恐怕也是最喧闹的城市之一，可对于我的理论的产生和发展，这里却提供了最安稳的环境，真是出乎意料。

我还要感谢我的前雇主们：亚伦·谭、比雅克·英格斯、彼得·艾森曼、弗兰克·盖里，他们让我学会从不同的城市入手，运用多种教条主义方法来完成这部作品。然而，因为本书内容连续、精巧和无现场的性质，我的更多灵感来自建筑师雅科夫·切尔尼霍夫、约翰·海杜克和赫尔曼·芬斯特林。

我还要感谢那些鼓励过我，对我的作品提出过严厉批判，以及敦促过我改进作品质量的人，包括（排名不分先后）：阿里·塔巴塔巴伊、拿破仑·梅拉纳、约拉姆·勒佩尔、迈克尔·索金、阿依达·米龙、永森昌治、莱奥波尔多·斯圭拉、汤姆·罗塞蒂、维陶塔斯·巴尔蒂、周天郎、阿马杜·通卡拉、西瑞·约翰森，他们给我提出了一些建设性的意见。此外，迈克尔·沃特和安德烈·摩尔·奎蒙德的洞见在手稿的编辑过程中给了我一些帮助。

最后,我必须承认,东京——一个随时受到地震威胁的城市,这样的物理状态促使我不再拖延,尽早出版这部大胆之作。

弗朗索瓦·布兰茨阿克
于东京